点亮科学梦想

生涯规划启蒙

魏 茜 编著

岳安达 绘

中国科学技术出版社
·北 京·

图书在版编目（CIP）数据

点亮科学梦想 . 生涯规划启蒙 / 魏茜编著；岳安达绘 . -- 北京：中国科学技术出版社，2023.3
ISBN 978-7-5236-0122-8

Ⅰ. ①点… Ⅱ. ①魏… ②岳… Ⅲ. ①科学技术－创造教育－中小学－教学参考资料 Ⅳ. ① G634.73

中国国家版本馆 CIP 数据核字（2023）第 048271 号

丛书编委会

主　　编　　王惠文　　叶　强

副主编　　朱　英　　韩小汀　　魏　茜　　王　硕　　方泽华

编　　委　　刘朋举　　赵芮箐　　郭雨欣　　石婧怡　　贠启豪
　　　　　　　张严文　　武相铠　　孔博傲　　吴祁颖　　王晓情
　　　　　　　刘杨杨　　高德政　　王燕杰　　刘栖熙　　林龙云
　　　　　　　罗吴迪　　尹月莹　　刘家祥　　张子言　　张馨于
　　　　　　　祁子欣　　王梓硕　　任明煦　　卢嘉霖　　张学文
　　　　　　　殷博文

绘　　画　　王葳蕤　　李　敏　　闫兴洁　　周明月　　岳安达

序

  这是一套关于科技创新教育的科普读物，主要面向中小学生，以"启蒙—探索—创意—实现—发展"的科学思维培养路径为主线，以科学素养的技能培训为辅线，培养学生发现问题、分析问题和解决问题的能力。习近平总书记曾经在科学家座谈会上指出："好奇心是人的天性，对科学兴趣的引导和培养要从娃娃抓起，使他们更多了解科学知识，掌握科学方法，形成一大批具备科学家潜质的青少年群体。"因此，组织开展丰富多彩的科学普及活动，系统传授与创意、创新、创造相关的理论和方法，将有助于增强青少年的科学素养与创新意识，点亮孩子们心中的科学梦想。

  2018年夏，在中国科学技术协会的指导和支持下，北京航空航天大学启动了"北航大学生科技志愿服务队"的组建工作。作为首都高校科技志愿服务总队的首批成员，北航大学生科技志愿服务队先后赴山西省吕梁市的中阳县阳坡塔学校、临县南关小学和临县四中等学校，举办中小学生的暑期科创训练营活动，出队队员累计200余人次，惠及山区中小学生近400人次。为了帮助志愿服务队的队员们系统掌握与科普、科创教育相关的理论和方法，我们还创建了面向北京航空航天大学全校本科生的通识课程"大学生社会实践：面向乡村中小学的科创教育"。在连续多年的理论培训和出队实践中，志愿服务队的老师和同学撰写了10多万字的讲义资料，而这套科普丛书正是从这些讲义中凝练出来的。

  按照课程的框架体系，丛书分为5个分册。其中，《创意设计思维》旨在帮助同学们聚焦学习和生活中的痛点问题，关注相关领域的科技前沿成果，掌握创意设计的基本原理与方法。《数据分析思维》既可以配合创意过程中的调查研究工作，也可以提高同学们的数据可视化能力和计算机操作技能。《趣味科学实验》将通过探究生活中的一些有趣现象，增强同学们对未知世界的好奇心和探索能力。《信息素养通识》是要在创意研究过程中，带领同学们学习运用互联网检索文献资料，并学会报告撰写、演示文稿（PPT）制作，以及路演展示。而《生涯规划启蒙》将帮助同学们领悟学习的意义，带领他们满怀热情地出发，在未来遇见更好的自己。

激发青少年的好奇心和想象力，增强他们的科学素养和创造未来的能力，对加快建设科技强国和夯实人才基础具有十分重要而深远的意义。笔者真诚期望通过该科普系列读物的编写和出版，能进一步助力大学生以科技志愿服务来赋能青少年科创教育，在服务国家需求和助力乡村振兴的事业中做出更大的贡献。同时，衷心希望通过这套丛书，可以点亮孩子们心中的科学梦想，激发他们的好奇心和想象力，增强他们的科学兴趣和创新能力。期待每一个孩子都会惊奇地发现"自己也可以是一颗发光的星"！

北航大学生科技志愿服务队在历年的出队过程中，得到了中国科学技术协会、北京航空航天大学、首都高校科技志愿服务总队、中国科学技术馆、中国科学技术出版社、吕梁市政府、中阳县政府、临县政府，以及中阳县阳坡塔学校、临县四中、临县南关小学的大力支持。在本书出版之际，作者愿借此机会，向所有支持和帮助我们的领导、老师和朋友们表示衷心感谢！

北航大学生科技志愿服务队
2022年10月

前言

仰望星空，脚踏实地
——遇见更好的自己

寒来暑往，同学们从进入校园、成为学生的那一刻起，就拥有了一个使命——学习。我们要学习很多的科目。每个科目都有很多的知识点。随着我们的年级升高，需要学习的知识也越来越多。不知道你的小脑袋里面会不会也有这样一个问号："我们为什么要学习呢？"

我想你会记得，为了一道数学题目课间都不肯休息，画线段图、列方程式，最终解出答案时的喜悦；你会记得，你将爸爸妈妈操劳辛苦的点点滴滴记录在作文里，看到他们欣慰笑容时的快乐；你会记得，和同学们一起整整一个月认真排练节目，最后上台演出时的骄傲。这些时刻，你都在那样努力地成长为更好的自己，这就是学习的意义。学习，是我们从自然人成长为社会人必须经历的过程，是我们认识自己、发现自己、成长为更好的自己的过程，是我们成长为能够助力这个世界、这个国家和更多的人变得更好的过程。那么，就让我们一起在这里，寻找那个更好的自己吧。

请你打开这本书，热情地投入到探索活动中，畅想未来，慢慢地靠近那个期待中更好的自己；请你逐步寻找自己的目标，理解学习的意义，感知自己的喜乐悲欣；请你尝试着完成每一次练习，更好地认识自己，进一步明确自己的兴趣，学会做选择；请你细细品读每个生涯故事，观察他人的生活，触碰更多可能；更重要的是，请你在实践中交流碰撞，磨砺成长，积极行动，朝着更好的自己迈进。这本书将是你成长路上的贴心伙伴，陪在身旁，给你力量。

我们相信，当你恰如其分地成长为自己喜欢的样子，拥有人生幸福的能力，就同样能为他人带来幸福，为社会创造福祉，为国家贡献力量。

亲爱的同学们，仰望星空，脚踏实地，让我们走进生涯启蒙的世界，遇见更好的自己。

人物介绍

本故事的主人公是"好奇宝宝"奇奇、"渊博宝宝"小宇、"细心宝宝"安安和"活泼宝宝"小朗。

奇奇　奇奇对这个世界充满着好奇，特别喜欢问"为什么"。为"为什么"找到答案是他最喜欢做的事，乐在其中。

小宇　小宇是班上的"智囊"。他博学多识，是个"百事通"。

安安　安安是个文静、细心的女孩子，成绩优异，喜欢读书。她总是有细致入微的观察和思考。

小朗　小朗活泼开朗，乐于助人，是班上的"孩子王"，总能把大家团结到一起。

他们的班主任杉杉是一名刚刚从大学毕业来到北行中学的年轻女老师。杉杉老师很喜欢班里的学生，也非常愿意为好学的同学们讲解知识，但也常常为如何带好一个班级感到苦恼。

最近，奇奇问她的一个问题"为什么要学习"引起了她的思考，"学习的意义"这几个字深刻地印在她的脑海里。她决定带着同学们开启一次生涯启蒙的探索之旅。在这趟旅行中，同学们会遇到自己成长路上的三只"锦囊"，找到"为什么要学习"这个问题的答案，在它们的帮助下成长为更好的自己。

亲爱的小朋友，你想知道这三只"锦囊"是什么吗？请和我们一起开启这次生涯启蒙之旅吧！

让我们一起进入生涯探索之旅吧！这场旅行中有三只"锦囊"，可以帮助我们找到答案！

老师，我们为什么要学习呢？

目录

1 有目标——让目标成为成长的发动机

1.1 为什么要有目标 …………………… 4
1.2 怎样实现目标 ……………………… 11
1.3 制定怎样的小目标 ………………… 18

2 会选择——让兴趣握住成长的方向盘

3 能行动——让能力成为成长的加油站

3.1 什么是能力 ········· 37

3.2 怎样提升能力 ········· 45

3.3 能力探索 ········· 49

4 结语

1 有目标——让目标成为成长的发动机

"为什么要学习"这个问题一直藏在奇奇的心里。他特别想知道这个问题的答案……

奇奇来到杉杉老师的生涯启蒙课，看到黑板上写着一道题目：

请分享一个你在本年度的"高光时刻"！

奇奇回想起上学期和同学们一起研究纸飞机的时光。为了弄明白怎样折叠的纸飞机才能飞得又高又远，他们一起查找资料，检索纸飞机飞行的原理；一起不断改进纸飞机折法，做研究日记，形成研究报告；最终总结出了能够让纸飞机飞得更远的折法。

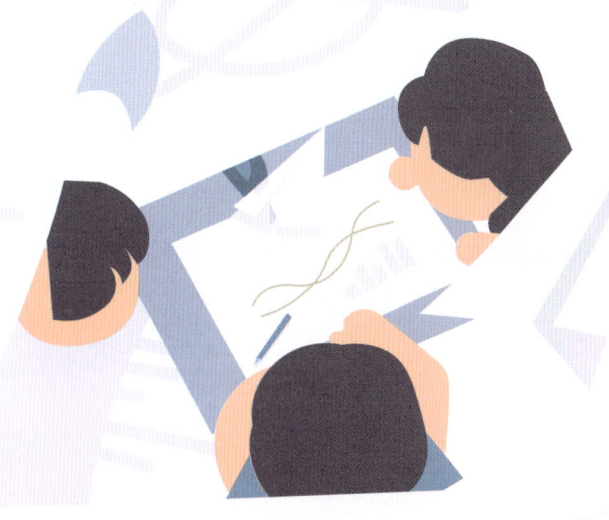

奇奇到现在还深刻地记得，看到自己折出的纸飞机迎着太阳划出一道美丽的弧线，他开心得都要流眼泪了。这是深刻地印在他心里的"高光时刻"!

那段时间，奇奇和同学们一起，几乎所有的课余时间都在投入纸飞机的研究，但大家都认真投入、乐此不疲，因为同学们是那样坚定地希望找到纸飞机飞得高的秘密，这是大家共同的目标!

只有那些为了目标而投入的努力，才能产生真正让自己感动的"高光时刻"呀!

咦？目标？我们好好学习，是为了实现我们的目标吗？

"这就是给大家的第一个'锦囊'——有目标!"杉杉老师走进教室，"亲爱的同学们，今天的这节课，就让我们一起感受一下目标的威力吧!"

1.1 为什么要有目标

做一做

心中的图画

（1）请同学们组成 5～6 人的小组，每人选一支不同颜色的彩笔；

（2）畅想你心中最美好的场景，绘制心中的图画（40 秒）；

（3）时间到，请顺时针将图画传给下一位同学，继续完成图画（30 秒）；

（4）依次传递，直至最初的图画回到你的手中。

请畅想你心中最美好的场景，在这里绘制"心中的图画"吧。

 **想一想**

请小组讨论分享

（1）你对手里的这幅画满意吗？

（2）你本来想画什么？现在看到了什么呢？

（3）对你有什么启发？再画一次，你准备怎么做？

绘制心中的图画，如果一开始我们自己也不知道画什么，随便添上几笔，在经过其他同学的绘制后，我们就再也不能控制这幅画的样子了。在我们日常的学习和生活中，是不是也会出现这样的情景呢？

本应该在自习课上完成作业，却因为看到别人玩游戏，自己也加入其中，最后导致作业没有及时完成；本应该在课上认真听讲学会公式，却因为看到窗外小朋友们玩耍而走神，导致功课落下；本应该每天坚持，用一个月读完的科普书，却因为近期播出的动画片，再也没有打开过……没有了一开始"想要完成的事"给我们信心，我们就像观众一样，只能看着时间像流水一点一点流逝。

只有在最初绘画时，我们有坚定的想法，画出轮廓，别人绘制时才能按照我们的思路继续作画，帮助我们完成心中想要的画面，为我们锦上添花。

在经过刚才"心中的图画"绘制后，同学们觉得我们需要设定目标吗？

需要！不然"心中的图画"就很难成为我们想要的样子了。

可是老师，我们每天课程安排都是固定的，每一天、每一个小时都被安排得满满的，我们跟着走就行了，目标有什么用呢？

杉杉老师微微一笑："那么我想问问大家，你们觉得学习好玩吗？"大部分同学都摇了摇头。

杉杉老师接着说："那为什么有的同学上课能够认真听讲，有的同学却因为思考中午要吃什么，走神了整整一节课呢？为什么老师上课提问时，有的同学总能够积极举手，有的同学却总是在想'老师可千万别叫到我'呢？"

告诉大家一个秘密：

目标，是你不知道的发动机。 目标为什么这么神奇？它是怎样发挥作用的呢？请大家来跟老师一起玩个游戏吧。

 ## 做一做

（1）请同学们把橡皮筋的一端拴在笔上，把笔固定住。拉伸橡皮筋的另一端，直至橡皮筋绷紧产生张力。请你松开橡皮筋。你观察到了什么呢？

（2）请同学们再次拉伸橡皮筋，然后一点点将手向笔靠近，直至橡皮筋完全没有张力。请你松开橡皮筋。你观察到了什么呢？

当我们拉伸橡皮筋，直至它绷紧产生张力，这时候松开橡皮筋，我们会看到橡皮筋像箭一样射向了笔。这就是《第五项修炼——学习型组织的艺术与实践》这本书中提到的"橡皮筋效应"。

橡皮筋效应

目标和现实之间有一条橡皮筋。拉伸橡皮筋就会产生张力，这代表目标和现实之间的张力。这种张力带给我们前进的动力，让我们像箭一样射向目标，这就是进步和超越的过程。

——彼得·圣吉《第五项修炼——学习型组织的艺术与实践》

不过，这种张力会带来压力，带来紧张和焦虑。面对压力，有的同学可能就会选择另一种方式。你是不是曾经也有过这样的想法呢？

这道题目太难了，我还是抄一下其他同学的答案吧！
老师讲的这个知识点太复杂了，我不想听了……

当我们一点一点将橡皮筋靠近笔，直到橡皮筋完全没有张力，松开手后，橡皮筋再也不能像箭一样射向笔，而是只能懒洋洋地耷拉在笔上。就像我们每次悄悄调低自己的目标，觉得完全可以怎么轻松怎么快乐怎么来，但其实，没有张力的目标正在让我们浑浑噩噩地浪费时间。

同学们甘心让自己的目标失去张力吗？

不甘心！

所以，我们要**设定有张力的目标**。那些你想象着自己将来要成为的样子、想要从事的职业，都可以作为我们的大目标，都可以**为我们带来前行的动力**。

 **做一做**

亲爱的同学们，你畅想过自己将来要从事的职业吗？

请写下来吧!

我长大后最想从事的职业是：

1.2 怎样实现目标

自从小宇在央视1套《开讲了》听到"长征五号"总设计师李东讲述"长征五号"发射的故事后,他就深深地迷上了火箭。"我也想把火箭送上太空。"小宇想象着火箭升空的场景,在"最想从事的职业"一栏郑重地写下了"航天器设计师"。

在统计了同学们最想考上的大学和最想从事的职业后,杉杉老师将同学们的答案绘制成了词云图。

同学们长大后最想从事的职业有教师、医生、警察、律师、科学家、作家……在课堂上,同学们热烈地分享着自己的愿望,憧憬着美好的未来。那一双双充满期待的闪着光的眼睛,深刻地打动着杉杉老师。

亲爱的同学们:
　　我们可以用当下一点一点的努力,向着我们这些闪着光的目标前行。那么,我们的目标,要怎样照进现实呢?

读一读

　　有一位著名的马拉松运动员曾两次在国际马拉松比赛中夺得冠军。记者问他怎样取得了如此惊人的成绩，他总是回答："凭智慧战胜对手！"

　　大家都知道，马拉松比赛是运动员体力和耐力的较量，爆发力、速度和技巧都还在其次。因此对他"凭智慧"的回答，很多人觉得他是在故弄玄虚。

　　10年之后，谜底被揭开了。他在自传中这样写道："最开始我把我的目标定在终点线的旗帜上，结果当我跑到十几千米的时候就疲惫不堪了，因为我被接下来那段遥远的路吓到了。之后每次比赛之前，我都要乘车把比赛的路线仔细地看一遍，并把沿途比较醒目的标志画下来，比如第一个标志是银行，第二个标志是古怪的大树，第三个标志是一座高楼……这样一直画到比赛路线的终点。

"比赛开始后,我就奋力地向第一个目标冲去;到达第一个目标后,我又奋力地向第二个目标冲去。40多千米的赛程,被我分解成几个阶段的小目标后,跑起来就轻松多了。"

一个庞大的目标可能会让我们觉得遥远,心生畏惧,感到难以达成,而如果把大目标拆分为一个一个的小目标,就能激励我们不断进步。

荀子《劝学》中说:"故不积跬步,无以至千里;不积小流,无以成江海。"大目标,需要靠小目标的点滴积累来达成。所以,从时间维度,我们可以将长期目标拆分为中期目标,再拆分为短期目标、即刻目标;把大大的梦想,一级一级地拆分成小目标,让梦想照进现实。

13

长期目标	你所追求的生活方式、想从事的职业类型、向往的家庭类型等	15～20 年
中期目标	正在追求的专门的训练和教育，生活历程的下一步	2～3 年
短期目标	当下要实现的事，现实的、确定的事	6 个月至 1 年
即刻目标	马上要着手去做的事	1 个月、1 周、1 日

将大目标拆分成小目标，到底有多大的威力呢？

 读一读

中国研制原子弹的理论设计过程

20 世纪 50 年代末，对中国的原子能事业来说，是一个卡脖子的时代。1959 年 6 月 20 日苏共中央来信，拒绝提供原子弹数学模型和有关技术资料。8 月 23 日，苏联又单方面终止两国签订的《国防新技术协定》，撤走全部专家，连一张纸片都不留下，还讥讽说："离开外界的帮助，中国 20 年也搞不出原子弹。"

邓稼先带领研究人员义无反顾地接受了研制原子弹这项任务。原子弹研制，美国用了 6 年，投入了大量人力、物力、财力才完成。而当时中国原子弹研制的条件是：没有资料，仅有苏联专家向核工业部领导讲解时中方记录下来的一些数据；没有计算机，仅有的计算工具是算盘、计算尺、手摇计算机，甚至纸笔；几乎没有工作基础，只有一批刚毕业的大学生。时间很紧张，必须尽快研制。面对这个艰巨的任务，研究人员非常担心。

在这种情况下，邓稼先首先确立方向，将中子物理、流体力学、高温高压下物质的性质三个方向作为研究的主攻方向；同时，他把任务总体作了分解，环绕原子弹的物理过程，分解出炸药爆轰、内爆物理、中子输运、状态方程、计算方法等方面，分头组织攻坚。面对分解后的任务，研究人员的思路逐渐清晰，越来越有信心。他们用算盘、计

算尺甚至纸笔来计算着常人难以想象的大量数字，算完的纸一捆捆地装在麻袋里，堆满了屋子。每一个数值都要反复核对，确保准确无误。一个关键数据往往需要上万次计算，每次计算都要解五六个方程式。1960年，他们遇到了一个前所未有的难题。苏联专家曾经随口说出一个关键数值，后来经过计算得出的结果和苏联专家说的并不符合。邓稼先团队演算了九遍，最终证实苏联专家说的数值是错误的。华罗庚评价这是"集世界数学难题之大成"的一次计算。1961年，经过两年多的计算，邓稼先带领的研究人员终于敲开了原子弹设计的大门，原子弹的蓝图基本成形。1964年10月16日，中国的第一颗原子弹顺利在沙漠腹地炸响。

原子弹的理论设计

↓ 拆解主攻方向

中子物理　　　　**流体力学**　　　　**高温高压下物质性质**

↓ 拆解总体任务

炸药爆轰　**内爆物理**　**中子输运**　**状态方程**　**计算方法** ……

读完上面的故事，你是不是也觉得"造出原子弹"这样的大目标，不再是遥不可及了呢？

将宏大目标拆解成小目标，一个看似遥不可及的目标也具有了可操作性。那同学们的大目标，能不能也拆分成小目标呢？

我想要成为航天器设计师，这样的大目标，原来也可以拆分成当下的小目标，细化到本学期以及本周的目标。我突然知道目标为什么会发挥作用啦！

15

 **做一做**

目标清单

亲爱的同学们，请对照你将来想要从事的职业，列出你的目标清单吧！

	小学／初中毕业时	即将到来的学期	本周
在学业方面，我希望——			
拥有什么技能？			
培养出什么习惯？			
对于哪些知识建立全新的思考和认知？			

看着小宇在兴奋地填写自己的目标清单，奇奇却嘟囔起了小嘴。

目标这么厉害，定错了怎么办呢？不能实现怎么办？我不敢定了……

杉杉老师问同学们："当我们在山脚下的时候，往前看，能看到什么呢？"
同学们想了想，说："看到面前这座山！"
"对，在山脚下的时候，你看到的只有眼前这座山。但是，当我们登上山顶的时候，你会看到什么呢？"
"更多、更高的山峰！"

同学们不用害怕目标定错。**目标只要引发了行动，行动自己会带来改变和视野，会让你设定新的目标，再引发新的行动。**
目标背后带出来的力量，才是最宝贵的！

亲爱的同学们，让我们不断为自己设定有张力的目标，助力我们勇敢前进吧！

1.3 制定怎样的小目标

在大家都写完自己的目标清单后，杉杉老师看到，一向文静的安安举起了手。

杉杉老师，我们以前也总是在制定目标。就像刚刚过去的寒假，我给自己定的目标是：好好学习英语，加强体育锻炼。细化到每周，我的目标就是：每天都练习英语听力，每天都去打羽毛球。可是，我总是会一天拖一天，明日复明日，完成不了。

看到安安眼神里的失落，杉杉老师点了点头。

嗯，这确实是个问题。为什么我们会觉得目标难以实现？

先让我们一起来分析下安安的大目标和每周目标吧！

 **想一想**

对于"加强体育锻炼"这样的大目标，我们可以继续追问：

- 希望加强的"体育锻炼"包括哪些种类？
- 当前你的体育锻炼是什么水平？
- 具体怎样才算是"加强"？
- 你希望加强到什么水平？

对"好好学习英语"这样的大目标，也是同样的道理。安安同学将"加强体育锻炼"细化到"每天都去打羽毛球"，就是不断追问的结果。

但是，拆分后的"每天都去打羽毛球"小目标有什么问题呢？我们再来分析一下：

每天打羽毛球多长时间才能算加强体育锻炼呢？

"每天都去"是不是过于绝对，很难确保实现？

从上面的例子，可以看到，我们很多时候制定的目标，都是努力学习取得好成绩、锻炼身体提高身体素质这样模糊的目标。这些目标要么高高在上让人触不可及，要么模糊、看不清，总是像将要下雨的乌云一样笼罩在我们上方，却难以指引我们迅速行动。

什么样的目标能促进行动？有这样一个神奇的小"锦囊"可以帮助到大家，那就是目标制定的 SMART 原则。

SMART 原则

Specific 具体的

第一，目标要具体。

具体就是要有**细化的描述**，而不只是模糊的表述。对同学们经常会提到的"努力学习取得好成绩"，就要具体到努力的程度，可以细化到用学习时间和学习效率来衡量，延长学习时间或者提高专注程度。如果你每天投入学习的时间已经很多，但是学习成绩却迟迟没有提高，那么就要从学习效率上下功夫。总结起来就是，我们要用怎样的时间和效率投入学习以取得好成绩？

Measurable 可衡量的

第二，目标可衡量。

可衡量就是要**有明确的、能被量化的数据指标**。制定目标后，你需要先问自己几个问题：我的目标能不能被衡量？有没有被量化？怎样才能判断目标是否完成？相较于"努力学习取得好成绩"，"期末数学考试达到80分"的目标听上去更加切实可行。

Achievable 可达到的

第三，目标可达到。

目标的原则是**跳一跳能够着**。"下次英语考试成绩比这次提高 5 分"相对于"下次英语考试我要考 100 分"来说，可操作性就强了很多呢。我们要确保目标是可实现的，不能定得太高太难。太高太难，当自己达不到目标时会有很强的失落感，对自己的信心也会造成打击。当然也不能太简单。太简单的目标，可以轻而易举地达到，也就不能很好地激励我们的行动了。

Relevant 相关联的

第四，目标要相关。

设定的目标必须**和自己的身份以及梦想相关联**。比如，如果有同学出现了不及格科目，那么当下最重要的任务就是学习，争取学业达标。如果制定的目标是一个月内完成十项志愿服务工作，那这个目标就偏离了主要方向。用一个形象的比喻来说就是，目标应是捡芝麻，却一直在摘西瓜。这样，实现的目标越多，偏离正确的方向反而越远。

Time-bound 有时限性的

第五，目标要有时限性。

时间限制让目标更可控。如果没有时间限制，目标就会被更紧急的事情排挤，久而久之便会被淡忘。比如，相对于"学好英语"，"期中考试英语达到 80 分"会让我们更有紧迫感。每天的学习计划，我们都可以设定时间节点，这样能督促我们推进工作，避免拖延症，提升效率。

在听完杉杉老师关于 SMART 原则的讲解后，安安将自己的目标按照 SMART 原则重新制定。文静的安安喜欢英语，特别想要在长大后成为一名外交翻译。她为自己制订了这样的计划：

	初中毕业时	即将到来的学期	本周
在学业方面，我希望——	保持平均成绩在 85 分以上	查缺补漏，目前相对薄弱的数学、物理课程达到 85 分	每天晚上抽出 1 小时，用于数学、物理课程学习
拥有什么技能？	英语水平能够达到：理解日常生活中的简单语言材料，能够就熟悉的话题或身边的事物用简单的语言进行交流	期末英语考试达到 90 分，完成"新概念 1"全册的学习	每天用 30 分钟的时间完成"新概念 1"的学习
培养出什么习惯？	学会羽毛球基本技巧，能够独立参加羽毛球比赛	学习并掌握羽毛球基本运球技巧	每周保持 2 次羽毛球训练，每次 1 小时
对于哪些知识建立全新的思考和认知？	了解中国外交的基础知识	阅读《当代中国外交十六讲》	阅读《当代中国外交十六讲》第一章

安安的初中阶段的目标，以及她对学期目标和本周目标的拆分，对你有所启发吗？

现在，也请你重新填写下面的表格：请检视你拆分后的学期目标、本周目标是否符合 SMART 原则。如果不符合，请你用 SMART 原则进行修订。

亲爱的同学们，请你运用 SMART 原则，重新梳理你的目标清单吧。

	小学／初中毕业时	即将到来的学期	本周
在学业方面，我希望——			
拥有什么技能？			
培养出什么习惯？			
对于哪些知识建立全新的思考和认知？			

2 会选择——让兴趣握住成长的方向盘

在我们朝着目标前行的路上，会遇到什么呢？前行的道路上，处处都是岔路口，需要我们做出选择。我们应该怎样选择才能符合我们的发展方向呢？杉杉老师带着孩子们来到生涯启蒙第二站，引导孩子们找到第二个"锦囊"……

在听完杉杉老师的生涯启蒙课程第一节——"有目标"后,小宇为自己制定了本学期的目标,并且细化到每周要完成的任务。在完成每天学习任务的基础上,他关注着关于航天的新闻报道,也会专门抽时间阅读航天类的科普读物。看到小宇找到了自己感兴趣的方向,并且有了满满的学习动力,小朗特别羡慕。

杉杉老师总是提醒我们,初中毕业进入高中,就要文理分科了。现在各个省份已经在逐步实施新高考方案,我们在高中选择学习的科目,将和大学可选的专业直接相关。可是,我到底该怎样选择呢?

小朗也有自己的小烦恼。她的大目标不像小宇那样清晰，就想努力考上一所好大学，想尽自己所能成为一名大学老师，专心做科研，耐心教书育人。可是，自己喜欢的专业方向是什么，她却完全没有想法。

杉杉老师发现，孩子们遇到的第二个关键问题，就是选择。于是，她带着孩子们来到生涯启蒙第二站，交给孩子们第二个"锦囊"——会选择。

在我们追求目标的路上，我们会遇到什么呢？让我们用这3个数字来为大家揭秘："2""771""1636"

2

目前，全国各个省份都在按照不同批次推进高考改革，将不再进行文理分科，大部分省份采取了"3+1+2"的模式：语文、数学、英语是必选，物理和历史中选一科，其他四科中任选两科。高中的科目选择将在一定程度上影响大学专业的选择，这也就意味着同学们更需要提前了解自己，理性做出这个初中毕业后马上就要面临的选择。

771

教育部公布的《普通高等学校本科专业目录（2022年）》包含12个门类771个本科专业。同学们在高中毕业的时候，可能就需要在这些专业中做出选择。

1636

根据《中华人民共和国职业分类大典（2022年版）》，我国职业分类，包括大类8个，中类79个，小类449个，细类（职业）1636个。在我们完成学业、步入社会的时候，需要从众多职业中选出适合自己的职业，这是我们迈向社会需要做好的选择。

我们面临这么多的选择，那我们做选择的依据是什么呢？

答案非常简单，那就是"兴趣"！

但是，这里的"兴趣"却与大家经常提到的兴趣有一些差别哦！给大家一个非常简单的公式：

兴趣 = 喜欢 + 擅长

同学们要逐步了解自己喜欢做什么、擅长做什么，让兴趣指路，学会选择。

 **做一做**

亲爱的同学们,请在下面的空白处,列出 10 项你喜欢做的事。

小朗兴奋起来，喜欢做的事情真的太多了。玩游戏、听音乐、画画、学英语、学数学、写作……不一会儿她就填满了格子，但是很快她又发现了一个问题。

喜欢的事情那么多，都能成为选择的依据吗？
我们该怎样聚焦呢？

杉杉老师把大家喜欢做的事做成了词云图，大家喜欢的事真的是丰富多彩、种类繁多。

今天有一个小"锦囊"要给大家,请大家把兴趣装到不同的格子里面。

做一做

画出自己的兴趣分类图

亲爱的同学们,请把你列出的 10 项喜欢做的事,放进不同的格子里吧。请思考一下,每一项事情,你希望把它作为自己未来职业的一部分还是生活的一部分呢?如果是生活,就把它放在左边;如果是职业,就放在右边。

第二个维度,你希望对它的投入多,还是投入少呢?如果投入多,请你把它放在上面;如果投入少,请你放在下面。

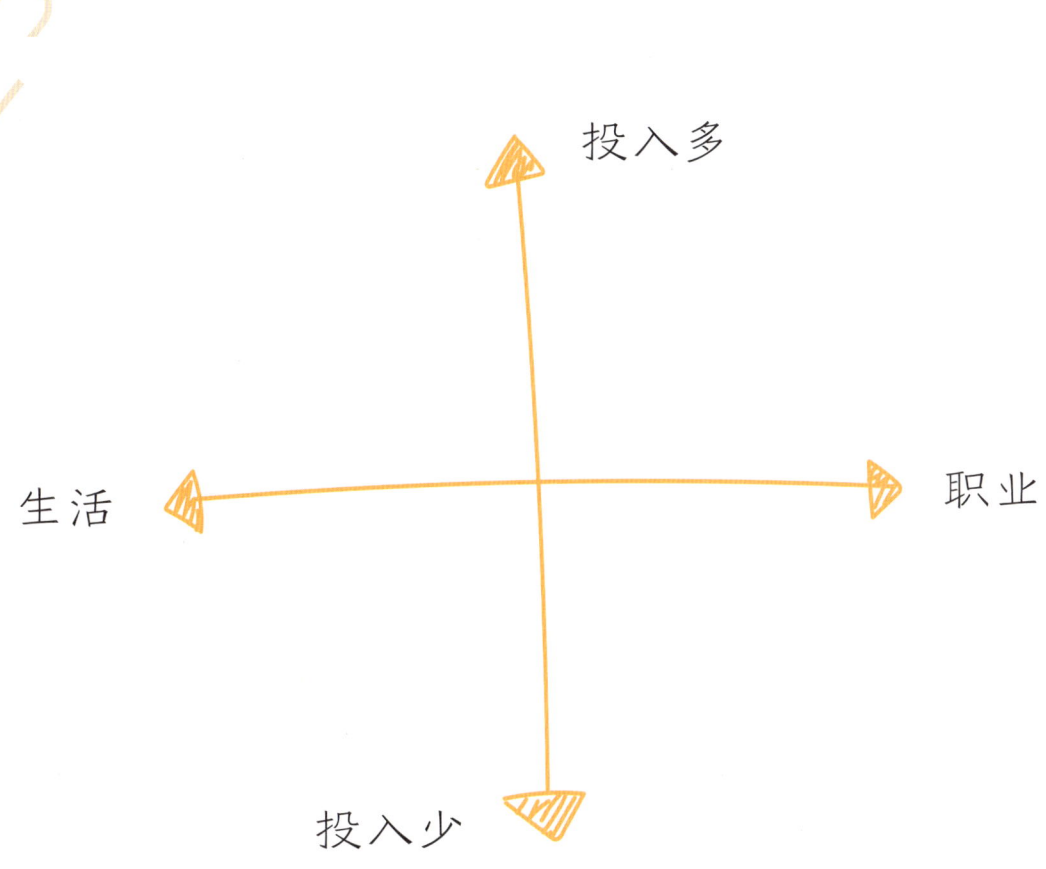

根据"生活"和"职业"的横向维度、投入精力"多"和"少"的纵向维度，可以将兴趣分为四大类：

生活 + 投入多

在生活部分，如果一项兴趣让我们愿意投入时间精力去研究、去探索，可以将它发展为"爱好"维度，作为我们生活的重要部分。

职业 + 投入多

这是我们希望能够持续投入，成为未来事业发展方向的兴趣，可归属于"事业"维度。

生活 + 投入少

这是我们希望能够作为学习的调节，能够让我们拥有感官的享受和愉悦的兴趣，可归属于"享乐"维度。

职业 + 投入少

这是我们希望的职业探索方向，只是当前阶段还没有足够的精力投入。这部分可以成为我们事业发展的潜力，归属于"探索"维度。

小朗看着自己的兴趣分类图，若有所思。

原来，不是每个兴趣都可以成为以后的发展方向。我们需要先明确事业方向的兴趣，持续投入，而不应该把大量精力放在享乐方向的兴趣上。

```
           投入多
            ↑
   爱好          事业
  画画  唱歌     学英语
  打篮球 跳舞    学数学
                写作
生活 ←————————————→ 职业
   玩游戏        看课外书
   听音乐        写科普影评
   看电视
   享乐           探索
            ↓
           投入少
```

没错！有的同学可能会发现，你目前感兴趣的事，大量都集中在了享乐维度，甚至有的同学在事业维度的兴趣是空白的。这种情况下，就需要大家认真思考：在平时的学习中，**你对哪些课程更能够投入精力呢？**我们可以通过课程学习等多个维度，找到自己愿意投入并且能够作为我们事业发展兴趣的方向。

兴趣 = 喜欢 + 擅长

兴趣不仅要"喜欢",还要"擅长"。只有把兴趣慢慢"养"大,让它成为我们擅长的事,才能支撑我们的选择和发展。

兴趣的发展有四个阶段:触发情景兴趣、保持情景兴趣、形成个人兴趣、发展良好兴趣。下面,就让我们以钢琴家郎朗的故事为例,一起来看看兴趣怎样才能慢慢养大吧!

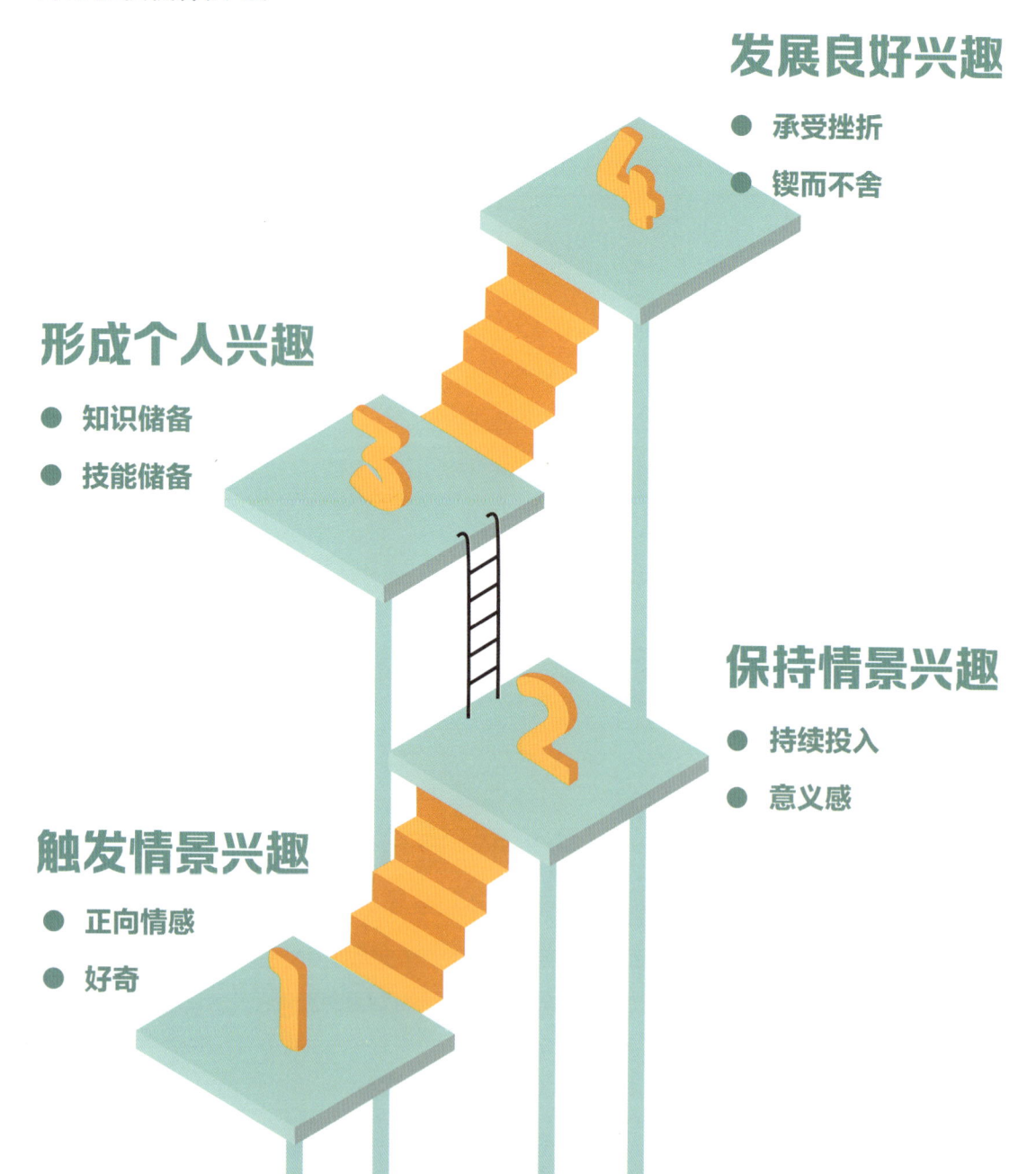

发展良好兴趣
- 承受挫折
- 锲而不舍

形成个人兴趣
- 知识储备
- 技能储备

保持情景兴趣
- 持续投入
- 意义感

触发情景兴趣
- 正向情感
- 好奇

 ## 读一读

郎朗两岁多的时候,听到动画片《猫和老鼠》中汤姆猫弹奏《匈牙利狂想曲第二号》。美妙的琴声和优雅的演奏深深吸引了他,触发了他的情景兴趣。

这样的好奇和喜悦,需要持续投入,不断产生成就感,才可以保持情景兴趣。3岁的时候,郎朗就对钢琴爱不释手,每次在钢琴前面可以站好几个小时。他用每天的持续投入,从钢琴练习中收获了意义感和成就感,保持了情景兴趣。

在情景兴趣的保持中,通过知识和技能的不断累积和储备,就形成了个人兴趣。10岁的郎朗以第一名的成绩考入了中央音乐学院附属小学,13岁的郎朗获得柴可夫斯基国际青少年音乐比赛第一名。他将情景兴趣通过知识储备和技能储备发展成了个人兴趣。

为了支持郎朗学琴,父亲辞去工作陪他前往北京学琴,两个人只能租住在北京简陋的筒子楼里。郎朗每天练琴非常刻苦,却连续被钢琴老师当头棒喝。"钢琴老师不喜欢我,每天都在说你不可能成为钢琴家,劝我回沈阳算了。"一系列的挫折和求学条件的窘迫,都没有让他停下前进的脚步。这种即使遇到挫折也能锲而不舍的坚持,就是把个人兴趣发展成了良好兴趣。我们都知道,郎朗最终脱颖而出,成为著名的钢琴家。

故事来源:郎国任《我和郎朗30年》

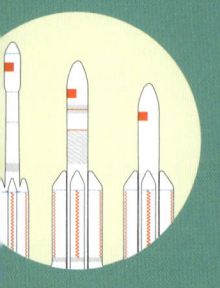

3 能行动——让能力成为成长的加油站

  我们成长的道路曲折而漫长。首先，我们要有目标，找到自己成长的方向；其次，在面对岔路的时候，我们要会选择，用兴趣指引，找到适合自己的路径。而这一切的基础，都需要我们迈开步子，用行动勇敢前行。成长的道路就在眼前，不去走，一切都是空谈。在坚定前行的路上，我们要让能力成为我们立身于世的武器。

3.1 什么是能力

在听完杉杉老师的生涯启蒙第二节课——"会选择"后，小朗经过一段时间的探索，慢慢发现了自己对理科科目的喜欢，特别是对数学学习的兴趣。她也开始逐步了解大学与数学相关的专业，希望能够在这个方向持续发展。特别是当小朗看过央视1套《朗读者》对丘成桐的访谈之后，她被丘成桐对数学的投入、对数学之美的如痴如醉，以及在卡拉比猜想证明过程中不断经受挫折也坚持不懈的毅力所吸引。

 **读一读**

丘成桐证明卡拉比猜想的故事

卡拉比猜想是复微分几何中关于凯勒流形的一个十分重要的猜想。它是由数学家卡拉比（Eugenio Calabi）在1954年提出的。

在刚接触到卡拉比猜想时，丘成桐并不相信其正确性。他试图找到一个反例，以反证法来推翻卡拉比的猜想。

1973年上半年，丘成桐认为自己已经"差不多找到一个反例了"，所以在8月的一次很重要的国际微分几何研讨会上非正式地报告了自己的发现。他叙述说："到了研讨会结束，大家都觉得我已经推翻了卡拉比猜想。卡拉比和陈（省身）先生都认为我找到个很好的反例。卡拉比先生说他悬在心上二十年的大石头终于放下来了，心情顿时轻松了。"

但是到了1973年的秋天，丘成桐说："我收到卡拉比寄来的一封信，信简短而措辞得体。卡拉比表达了自从8月听过我的演讲后，他一直在想这个问题，深思之余对某些方面还感迷惑，他希望我把思路扼要地写下来，好让他更好地弄明白。而这对我来说，就如暮鼓晨钟，把我惊醒了。"

丘成桐继续说："我花了两星期去证明卡拉比猜想不对，结果弄到差不多要挂掉了却还是没能证实。到了此时，我开始认为这个'好到难以置信'的猜想或者是对的。于是我做了一百八十度的转变，倾注心力去证明卡拉比说的没有错。"

一直到1976年的下半年，丘成桐终于把卡拉比猜想变成了卡拉比－丘（成桐）定理。丘成桐将整个证明卡拉比猜想的过程经过仔细的整理和检查审核后，写成了两篇论文正式发表。

故事来源：丘成桐《我的几何人生》

凯勒流形示意图

在读完《丘成桐证明卡拉比猜想的故事》后，小朗感触太多了，迫不及待想跟小宇分享。

小宇，之前我一直以为，想要实现目标，只要好好学习就够了。从丘成桐的经历来看，远不止这样呢。丘成桐在证明卡拉比猜想的过程中坚持不懈的付出和毅力，以及他的沟通与表达能力，都是他实现目标非常重要的原因。

你说得太对了！我之前读了"长征五号"设计师李东的故事，他们除了有出色的专业能力，个人品质及团队合作能力也非常突出呢。我想，我们除了在学业上不断精进，还需要主动拓展自己各方面的能力。

在听完小朗和小宇的对话后，杉杉老师欣喜于同学们的深刻认知。能力，正是她要给孩子们的第三个"锦囊"，也是生涯启蒙课程第三节课的主题。

读一读

李东和"长征五号"的故事

在中国运载火箭技术研究院,我三十余年一直专注于火箭研究。其中有二十一年,都给了"长征五号"这个型号。

"长征五号"是我国,也是世界同级别火箭中运载能力居前列的大型火箭。它使我国进入空间的能力提高到上一代长征火箭的2.5倍到2.9倍,使我国一跃跻身世界大火箭国家俱乐部。它成功发射了我国第一个月球采样返回探测器"嫦娥五号"、人类有史以来最重的火星探测器"天问一号",以及中国空间站天和核心舱,未来还将助力中国人探索宇宙的脚步,迈得更稳、更远。

长征一号(CZ-1)　长征二号E(CZ-2E)　长征二号F(CZ-2F)　长征七号(CZ-7)　长征七号A(CZ-7A)　长征五号E(CZ-5E)　长征五号B(CZ-5B)

2005年,我担任这个型号总设计师时,正是意气风发、踌躇满志的年纪。虽然对研制的难度和艰巨性已经有充分的思想准备,但确实没想到它会如此的艰难。在我国上一代火箭潜力已挖掘殆尽的情况下,如何实现运载能力的成倍提升和技术水平的跨越式发展,是火箭研制的最大挑战。为此，火箭采用了 90% 以上的新技术，这也意味着研制的难度、工作量和风险陡增。

研制队伍付出常人难以想象的艰苦努力，在克服了无数困难，创造了无数奇迹之后，2016 年，经过十年研制的"长征五号"一飞冲天，用成功和圆满回报了队伍十年夙兴夜寐的努力，和国家对大火箭的殷殷期望。

但 2017 年 7 月 2 日，第二次发射却突然遭遇失利。正常起飞的火箭，飞行到 346 秒时，一台氢氧发动机却在事先所有参数正常、毫无征兆的情况下推力骤降，虽然剩余的一台发动机顽强工作到一二级分离，二级发动机也正常点火了，但终因速度不够，发射失败。

之后的故障查找与改进工作一波三折，异常艰苦。队伍每日顶着如山的压力，在痛苦煎熬中，艰难前行，抽丝剥茧，查找故障的线索；夜以继日，制定改进措施，进行试验验证。终于在 2019 年，在整整 908 天逆境前行后，"长征五号"凤凰涅槃，浴火重生。之后它又连续五次成功发射，助力今天中国人的"嫦娥""天问"、中国空间站和重型通信卫星，在茫茫星空中，熠熠生辉！

故事来源：央视 1 套《开讲啦》2016 年 11 月 26 日
《"长征五号"总设计师：十年磨一"箭"》

"长征五号"升空瞬间

能力是什么？

能力是一个人在具体活动中表现出的水平，及所包含的潜力。

会选择

有目标

能行动

 ## 想一想

同学们，请你思考，你拥有哪些能力？又有哪些具体活动和表现体现了你的能力呢？

能力与社会发展密切相关。比如，力气大在农耕社会是王牌能力，而现在，大量的体力劳动已经逐步被机械所替代，力气大已经不再是社会最为需要的能力了。

那么，我们就需要思考，面向未来，我们需要什么样的能力呢？

生涯发展理论将能力分为以下三种类型：

专业知识能力	可迁移能力	自我管理能力
掌握的理论、知识、基本概念等	能够运用在不同专业知识领域的能力	你身上那些美好的品质
	沟通能力	
	表达能力	
※ 通过理解、记忆、实践操作获得	组织能力	努力、热情、认真、善良、坚韧、守时、自律……
	团队合作能力	
	人际交往能力	
	领导力	
※ 通过"体验－试错－观察－思考"不断练习获得	※ 通过认同、模仿、内化等途径获得	

从丘成桐先生和李东总设计师的故事可以看到，想要实现目标，除了过硬的专业知识能力，可迁移能力能够为专业知识能力的发挥创造更多、更大的舞台，而自我管理能力则让专业知识能力得到更加稳定的、持续性的发挥。所以，除了学习专业知识课程，我们也要通过课内外多种方式，培养可迁移能力和自我管理能力。

专业知识能力

专业知识能力是我们掌握的理论、知识、基本概念等，可以通过理解、记忆、实践操作获得。比如，我们经常提到的数学能力、英语能力等。专业知识能力一般和工作内容及目标直接相关，是能够有效达成工作目标所必须具备的特定能力。

可迁移能力

可迁移能力包括沟通能力、表达能力、组织能力、团队合作能力、人际交往能力、领导力等，是可以运用在多个领域的能力，需要通过体验—试错—观察—思考，不断练习获得。

自我管理能力

自我管理能力是我们身上那些美好的品质，是有意识、有目的地对自己的思想、行为进行转化控制的能力，包括努力、热情、认真、善良、坚韧、守时、自律等，需要通过认同、模仿、内化等途径获得。

3.2 怎样提升能力

能力决定了我们和社会的交换方式。未来我们将站在哪里，将走向哪里，由上文提到的三种能力来决定。

能力要怎么样才会提高呢？答案只有一个字："练"。持续地做不会做的事，是能力提升的唯一方式。

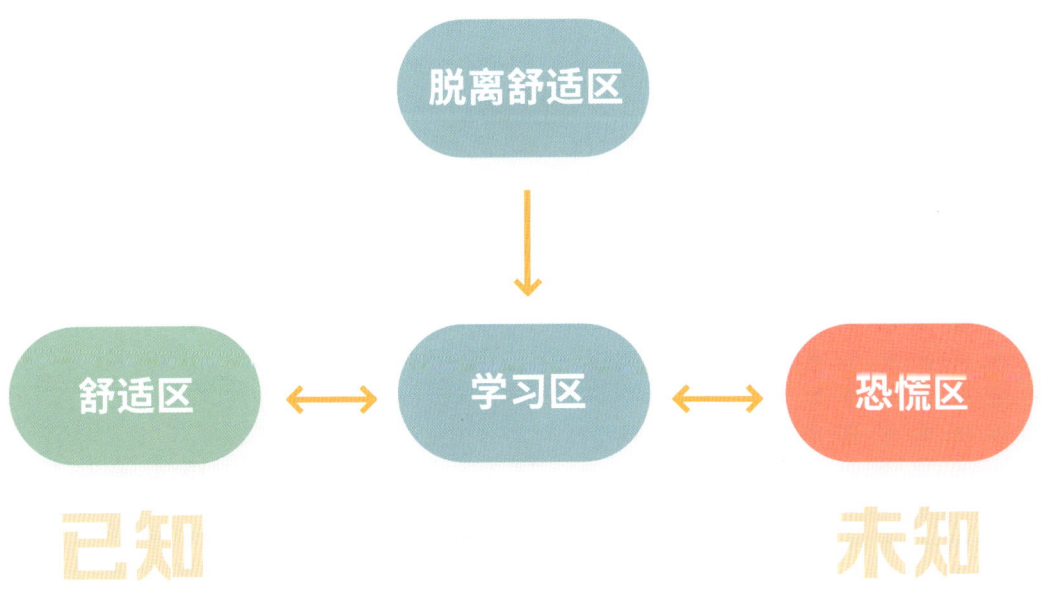

现在，我们也可以对"我们为什么要学习"这个问题，给出答案：

我们已经具备的能力都在舒适区，而所有的未知的存在都在恐慌区，学习的过程就是脱离舒适区，将未知一点一点变成已知的过程。只有脱离已知，迈向未知，我们的能力才能提升，这就是学习的意义所在。

同学们坚定地点点头,明白了学习的意义,也更加坚定了他们学习的信心。而这时候,小朗又有了一个新的问题。

杉杉老师,同学们的目标多种多样,有的同学想要造火箭,有的同学想要造大飞机,有的同学想要当老师……那么,我们现在学习语文、数学、英语,还有马上就要学的物理、化学、生物,这么多课程,对我们将来都是有用的吗?

这个问题很好,老师想给大家举个例子。我们一起去看一下,想要造出一台大飞机,都需要哪些知识。

今天,让我们来一起认识一下明星飞机——C919大飞机。

C919

C919大飞机是我国首款完全按照国际先进适航标准研制的单通道大型干线客机,具有我国完全的自主知识产权。它的最大航程超过5500千米,性能与国际新一代的主流单通道客机相当,于2017年5月5日成功首飞。C919,全称"COMAC919"。"COMAC"是C919的主制造商中国商飞公司的英文名称缩写;"C"既是"COMAC"的第一个字母,也是中国的英文名称"China"的第一个字母,体现了大型客机是国家的意志、人民的期望。

先进的保健方案
采用先进的维修理论、技术和方法，降低维修成本。

美观高效的身形
采用先进气动力设计技术，大大提高气动效率。

聪明的"神经"
采用先进的电传操纵和主动控制技术，提高飞机综合性能。

结实的"骨架"
采用先进金属材料和复合材料，减轻飞机的结构重量。

强健的"心肺"
采用先进的发动机以降低油耗、噪声和排放。

舒适的客舱
采用先进客舱综合设计技术，提高客舱舒适性。

我们怎样才能造出这么厉害的大飞机呢？大飞机每一个关键部位的制造，都对应着关键的学科；而支持每一门学科的基础知识，就是我们正在或者即将学习的基础学科。

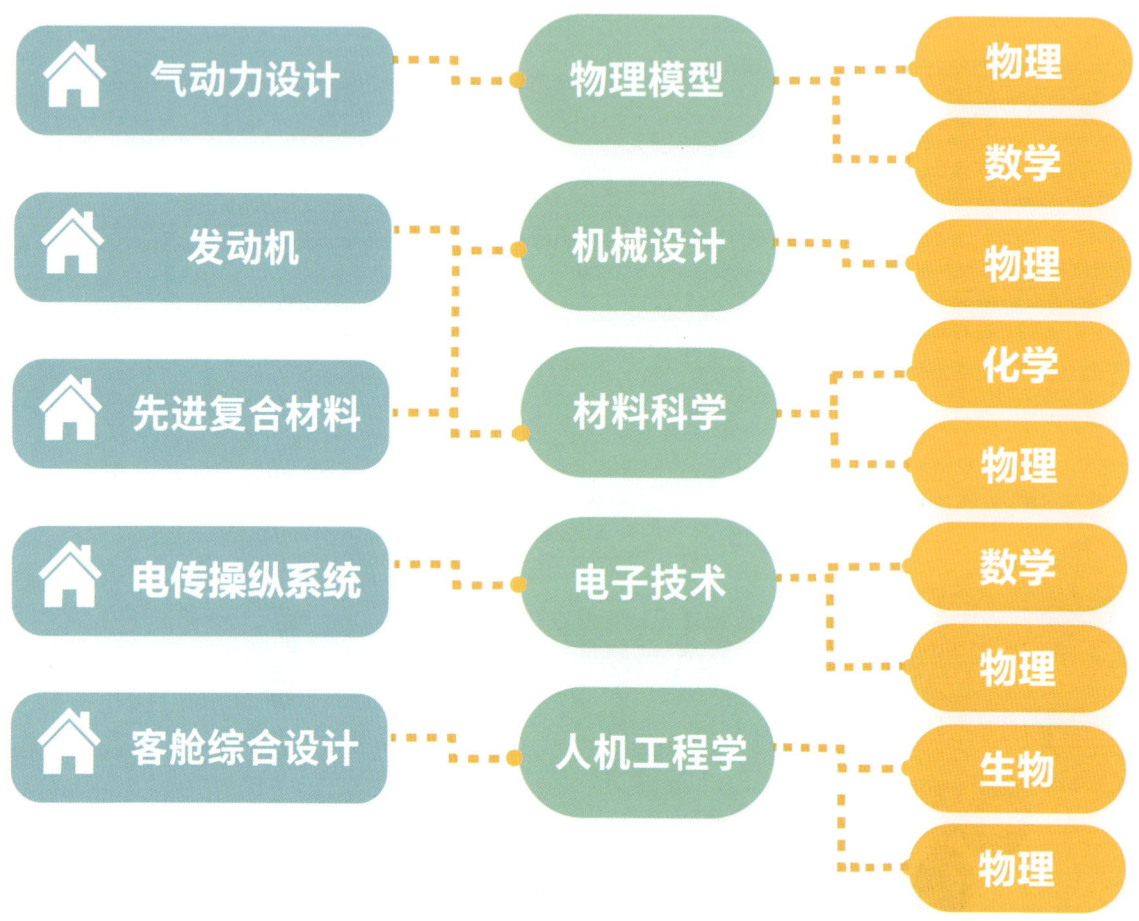

我们当下的学习，正是打基础的过程。不管是造大飞机还是火箭，不管将来想要成为一名教师还是医生，基础知识的学习，都是我们未来能够更加深入地投入相关专业方向学习所必需的。基础课程的学习，将影响我们未来站在哪里、走向哪里。我们要把握当下，脱离舒适区，通过不断学习，提升自己的能力。

3.3 能力探索

"原来，要造出像 C919 这样厉害的大飞机，发动机、机身材料、操纵系统等每一个环节，都离不开我们现在所学习的科目啊。"这个例子深深地印在小宇和小朗的脑海里，他们明白，只有现在好好学习，打下扎实的基础，不断提高自己的能力，才能向着自己的目标奋进。长大后，小宇想要成为像李东总设计师一样的航天器设计师，小朗想要成为像丘成桐一样潜心科研、教书育人的好老师。他们从上课认真听讲、认真完成作业、培养良好兴趣做起，带着满满的动力，在成长的道路上前行着。

我一定要成为像李东总设计师一样的航天器设计师！

我会成为像丘成桐先生一样潜心科研、教书育人的好老师的！

杉杉老师看到了生涯目标带给小宇和小朗的成长，欣喜之余，她也在思考：怎样才能够让同学们更加深入地了解职业，并且从现在起就积极行动，为职业目标做准备呢？

于是，杉杉老师精心设计了"生涯启蒙——职业能力探索"课程。下面，就让我们跟随她的脚步一起来体验吧。

> 亲爱的同学们，让我们各个小组一起来比赛，看看哪个组的小猴子爬得最高，好不好？

同学们看到黑板上的小猴子和大树，充满兴奋，听到小组之间要比赛，更是打起了十二分的精神，异口同声地回答："好！"

杉杉老师说："这三棵树可不一般，它们叫作'特别的职业树'，因为每一棵树都对应着一种职业。让我们先来看看第一棵树对应着什么职业吧。"

随着第一棵职业树后的职业卡片被缓缓抽出，同学们兴奋地说："是航天员！""我看到白色的宇航服啦！"

"没错！就是航天员。"杉杉老师兴奋地说："2021年10月16日0时23分，神舟十三号载人航天飞船搭载着翟志刚、王亚平和叶光富三位航天员成功发射。伴随神舟十三号飞行任务的实施，王亚平成为中国累计在轨时间最长的航天员。翟志刚第三次成功出舱，创下中国航天员新纪录！这都是我国航天史上的重大突破。"

"大家觉得航天员厉害吗？"杉杉老师问。

"厉害！"同学们再一次异口同声。

我们一起来读一读航天英雄们背后的故事吧！在读完故事后，请同学们把航天员需要具备的能力写在桃子上，贴在我们的职业树上。每当小组有同学为职业树长出一颗桃子，小组的小猴子就可以爬上一格。最后，让我们一起来看哪个小组的小猴子爬得最高！

读一读

中国航天员背后的故事（节选）

神舟飞天，太空漫步，太空授课，入住"天宫"……中华民族的千年梦想，随着神舟飞船的一次次升空变为现实。杨利伟、费俊龙、聂海胜、翟志刚、刘伯明、景海鹏、刘旺、刘洋、张晓光、王亚平、陈冬等一个个熟悉的名字，以及许多默默无闻、鲜为人知的"幕后英雄"，他们有着一个共同的身份——中国航天员。在建设航天强国的伟大征程中，他们用实际行动书写着自己的壮丽人生，向党和人民交上了一份合格答卷。

"人的一辈子，都是由大大小小的梦想串起来的，我们就是在不断追求梦想中实现着人生价值。"这是2017年4月，景海鹏在他攻读博士学位的西安交通大学作报告时说出的一席话。

1985年，空军首次在全国应届高中生中招收本科生。正在山西省运城市解州中学读高三的景海鹏以高分考入飞行学院。从飞行学员到飞行员的距离到底有多远？百余项考核，有一项不过关就将被淘汰，淘汰率在80%以上。令景海鹏没想到的是，挡在他梦想之路上的第一只"拦路虎"，竟然是游泳。这只从未下过水的"旱鸭子"，只有在规定时间内游完规定距离才能达标。整整两个月，景海鹏一有时间就泡在游泳馆里。考核那天，原本单程50米就可过关，景海鹏一口气游完200米，考核优秀，当即被宣布获得嘉奖。"人的潜力是无穷的。本来是弱

项，经过努力却变成了我的强项，这让我信心倍增！"这次自我超越，让景海鹏的梦想之路走得越发坚定。

　　了解刘伯明的人，都会被他过硬的心理素质所折服。考入飞行学院后，他在参加带飞时稳妥处置的一次险情，令飞行教员都心服口服。那次，教员带刘伯明飞过牡丹江老爷岭上空时，发动机突然停车。飞机失去控制，猛烈下降。教员使出浑身解数，竭力操控，仍无济于事。"教员，让我试试吧！"刘伯明勇敢果断，冷静操控，一次次手动助油、打火，一次次拉升高度，最终将飞机飞了回去。飞机落地那一刻，教员钦佩地对他说："你是我带过的最优秀的学员！"追梦之路，从来不缺少挫折与挑战，甚至要经历生死考验。飞天之路，更是如此。

　　1998年1月，首批14名航天员进驻航天城，中国人民解放军航天员大队正式成立。这里，成为中国航天员实现飞天梦的出发地。天上一日，地上数年。想成为航天员，除了要在空军飞行部队具备1000小时以上的飞行时间，还至少要经过3年以上百余项严苛的"魔鬼式训练"，并能经受住393千米空间距离的种种考验。离心机训练，是航天员训练最多、最痛苦的项目。离心机是一种巨大的旋转装置，当它开动时，被固定在座舱里的航天员，面部肌肉严重变形，头晕恶心，呼吸困难，痛苦程度无以言表。这时，航天员不仅要重复各种抗负荷动作，同时还要判断信号答题。但是，训练再苦，航天员们也无一人退缩。航天员大队的大队长聂海胜骄傲地说："离心机训练中有两个按钮，左手红色按钮为暂停，右手蓝色按钮为应答。自大队成立至今已近20年，从无一人次在训练时按过红色按钮，暂停按钮纯粹成了摆设。"经过一代代航天人的接续努力，2003年10月15日，中华民族终于迎来飞天梦圆的一天。

　　　　　　故事来源：《解放军报》2017年8月12日第11版长征副刊　作者：孙进军

　　听了航天员的故事，同学们都被深深打动着。在过硬的专业素养之外，航天员十年如一日的坚守，面对突发情况时的沉着冷静，都让同学们深深地折服。他们在桃子上一笔一画认真地写下航天员需要的能力，也在心里默默地为自己加油，希望自己也能成为这样勇敢的人。

 **做一做**

让航天员的职业树长出桃子

请大家根据上面航天员的故事,分析航天员需要具备的职业能力,写在桃子上,贴在这棵职业树上吧。

在听完航天员背后的故事后，同学们还想要听科研工作者的故事，因为成为科学家是好多同学种下的梦想。杉杉老师为同学们讲述了《90后科研人员的一天》。

 **读一读**

90后科研人员的一天

"有时也会感到疲惫，但每次看到晶体的时候，感觉自己又精神了。"

9月11日早上8点，李治林已经在中国科学院物理所纳米物理与器件实验室里忙碌了。他是这个实验室的一名研究人员。

30平方米左右的实验室里，堆满了各种仪器设备、实验器材。泡在这里，对李治林来说是家常便饭，有时为了完成一项实验，除了吃饭睡觉，得有半个月都要待在这个封闭的空间。李治林说："挑晶体、点电极是我今天上午的主要工作。20世纪50年代，科学家成功生长出硅单晶，那时候并没有多少人意识到它的重要用途，而现在硅已是半导体技术和电子工业的基础了。"

清洗晶体是研究中的必要步骤，即使是这样简单基础的事情，想要做好也须格外细致。清洗液的成分要精心设计，清洗的顺序也很重要，经常清洗一批晶体，大半天就过去了。点电极更是细致活儿，有时候几百微米的样品上就要手动点6个电极，像是在芝麻上做雕刻。

在导师指导下，李治林连续在实验室工作，改进晶体生长工艺，用了一个多月时间得到了这个最大尺寸的高质量晶体。接下来他又用了一年多时间研究究竟是哪些原因影响晶体生长，来保证实验的可重复性。"我想把一项成果中各种因素的影响都弄清楚，为将来的工作提供指导，这样心里才踏实。"

下午，测量数据出来，李治林认真地在电脑上做了分类整理和编程分析。他的电脑中有好多文件夹，专门记录各种晶体的实验数据。李治林在实验室贴有一张自制的日程表。因为实验众多，忙的时候他每天要惦记着几十件事情，但几年高强度的实验积累，也使他掌握了晶体生长和测试的丰富经验。

"如果长不好晶体，一定是因为我们对它的影响因素了解得还不够。"为了探索晶体生长的各种影响因素，多的时候李治林一年内居然做了1000多次实验。"我预期一年努力做300次样品就可以了，没想到做了这么多，那一两年简直可以说是疯狂，回想起来自己都觉得难以置信。"

科研之外，李治林是一位科普"达人"。他是物理所科普团队的核心骨干，目前组建了一个 20 多人的兴趣小组，负责日常科普活动和微信公众号的"知识问答"等栏目。

"为什么拿相机对着电脑屏幕照相，照片会出现波纹？"在某知识问答社区，李治林的回答位列"第一"——获得了 1.1 万多个"点赞"。李治林从窗纱等生活中常见的物品讲起，一步一步论证了其中暗含的莫尔条纹理论，还写出了思考的过程。"硬邦邦的物理学知识通常比较枯燥，但与人们生活联系起来就会吸引大家的关注。"李治林说。

晚上 7 点，天色暗下来。吃过晚饭的李治林又转身往实验室走，"打算再忙两三个小时"。

故事来源：《人民日报》2018 年 10 月 15 日第 20 版
作者：喻思南　涂英玲

听杉杉老师讲述完《90 后科研人员的一天》，同学们不约而同瞪大了眼睛。原以为科学研究是那样神秘，那样光鲜亮丽，现在才知道原来每一项科研成果的背后，都需要细致的重复操作、一遍又一遍的数据分析，还有发自内心的兴趣和热爱。这每一个小小的点，都需要从现在开始，一点一点打好基础，做好铺垫啊！同学们在桃子上一笔一画认真地写下科研工作者需要的能力，并且在心里埋下种子，一定要朝着这个方向好好努力。

 **做一做**

让科研工作者的职业树长出桃子

请大家根据上面讲述的科研工作者的故事,分析科研工作者需要具备的职业能力,写在桃子上,贴在这棵职业树上吧。

看着同学们认真地在桃子上写下一项项职业能力，看着黑板上的小猴子越爬越高，杉杉老师特别欣慰。现在只剩第三棵职业树了，杉杉老师注意到，在同学们长大后想要从事的职业中，"教师"是出现频率最高的。她不止一次听同学们说，希望长大后可以成为一名教师，教书育人，把知识教给更多的孩子。这些闪着光的梦想经常让杉杉老师热泪盈眶，她为孩子们讲述了"时代楷模"张桂梅老师的故事。

读一读

张桂梅为什么感动中国

有些人的光芒，是燃烧自己照亮别人。

在茫茫滇西深度贫困山区，半生坎坷半生奉献的张桂梅，用瘦弱的身体扛起1800名大山女娃的人生希望。"只要还有一口气，就要站在讲台上。"在63岁的年纪，张桂梅那些足以"感动中国"的诺言和行动，仍在继续。

能够抗衡时间、改写命运的，唯有执着信念。大山之中，扭转女孩因受教育程度低而形成的自身成长困境和代际恶性循环，并非易事：这不仅是对教育资源的考验，更是一场对陈旧观念的"宣战"。并且，突破习惯禁锢，光靠激情和热情显然还远远不够。

11万千米家访路，走进1300多名学生家，把累计超百万元的全部奖金和大部分工资捐出……与张桂梅有关的每一个数字，都在诉说着"膝下无儿女，桃李遍天下"的奉献精神，印刻下"教育改变女孩命运"的执着信念。

平等地接受教育、平等地参与竞争、从容地圆梦人生，一份锲而不舍、坚定不移、无私奉献的执着信念，就这样润物无声地滋养着大山女娃，让"女孩子读书，可以改变三代人"的信仰翻越重重大山，照进现实。

深深打动和激励人心的，还有"在苦难中开花"的巾帼力量。在痛失亲人、身患重疾的绝望和打击之中，在引起非议、受到质疑的误解中，张桂梅"雨水冲不垮，大风刮不倒"，展现出新时代女性的自尊、自信、自立、自强。而更为恒久的意义是，张桂梅用自己的经历告诉女孩们"女性自强才能自立"，也以这样的精神传递着"每一位妇女都有人生出彩和梦想成真的机会"的价值理念，并塑造了更多在自立自强中树立自尊自信的"她们"。

命运打不倒心中有光的人。张桂梅获授"全国三八红旗手标兵"称号后，一波"致敬体"在网络上"刷屏"。流着泪看完张桂梅事迹的网友们，读懂了大爱无声和百折不挠。

山里的"教育奇迹"，是一种坚持到底的奇迹，更是一种百折不挠的奇迹。面对种种心酸、考验，甚至难以逾越的难关，如果没有冲破乌云和阻碍的坚定不移，又怎能让阳光照亮女孩们的心房？如何让她们在美好的人生之路上行稳致远？

读懂一份直抵人心的感动，心中就会播撒向上向善的种子。那束来自云南大山深处的希望之光，那颗来自"教师妈妈"的教育初心，那些来自大山女娃的蝶变人生，都会将生生不息的奋进力量传递下去。

故事来源:《中国妇女报》2020年7月27日头版　作者：韩亚聪

同学们听着杉杉老师讲述这位伟大的"教师妈妈"的故事，眼睛里不由自主地泛起了泪光。为了让更多的女孩子能够平等地接受教育、平等地参与竞争，张桂梅老师在痛失亲人、身患重疾的绝望和打击之中一直默默坚持着。她最欣慰的事，就是看到孩子们自立自强，一个一个成为对祖国、对社会有用的人。

同学们在桃子上一项一项认真写下成为教师所需要的职业能力，也暗暗下定决心要成为像张桂梅老师一样发光发热、照亮别人的人。

做一做

让教师的职业树长出桃子

请大家根据张桂梅老师的故事,分析人民教师需要具备的职业能力,写在桃子上,贴在这棵职业树上吧。

刚才我们已经对航天员、科研工作者、教师三类职业有了了解。在同学们的共同努力下，职业树结出了许多许多桃子，小猴子也越爬越高，吃到了更多更高处的果实。

亲爱的同学们，在学习完生涯启蒙课后，希望大家能够用心观察各类职业的工作者，学习他们优秀的能力、品质，从他们身上汲取成长的力量。

现在，我们每个人都有一棵属于自己的职业树，接下来，就让我们一起完成自己的职业树吧！

 **做一做**

我的职业树

（1）你将来想从事的职业是什么？请将它填写在"我的职业树"卡纸上。
（2）请根据下面的填写提示，完成"我的职业树"的内容。

填写提示：

（1）自我评估是指对自己目前在某方面的能力（表现）进行评分。

（2）重要程度是指自己认为该能力对自己将来从事该职业的胜任力影响有多大。

（3）要胜任将来想从事的职业，还需要拥有哪些能力？请补充到空圆圈中。

（4）一个小方格为1分。如果自己评分为0分，则不需要涂方格；如果自己评分为1分，则在对应的一个方格中涂上颜色；以此类推，5分则涂5格。

（5）请在每一个圆圈旁写下，为了提升这方面的能力，你现在可以做些什么。

我的职业树

合作能力
- 自我评估
- 重要程度

学习成绩
- 自我评估
- 重要程度

创新能力
- 自我评估
- 重要程度

沟通能力
- 自我评估
- 重要程度

执行能力
- 自我评估
- 重要程度

（中间能力）
- 自我评估
- 重要程度

（右侧能力）
- 自我评估
- 重要程度

（左下能力）
- 自我评估
- 重要程度

（右下能力）
- 自我评估
- 重要程度

我看到同学们都很认真地在思考及评估自己想从事的职业,有没有同学愿意分享一下自己的职业树呢?

我想从事的职业是医生,我对我学习成绩的自我评估是4分,我觉得目前我的学习成绩属于中上水平。

学习成绩影响我成为医生的程度是5分,我认为想成为医生,需要很丰富的医学知识。

作为一名医生,沟通能力也很重要,我觉得我的沟通能力可以达到5分。沟通对成为医生的影响也是5分,因为医生常常需要和患者沟通,准确了解患者情况,为患者排忧解难;医生之间也需要良好的沟通,比如做手术时,需要好的沟通才能将手术做好……

我觉得做医生还需要精细的动手能力,这对成为医生的影响也是5分。有了好的动手能力,才能将手术完成好,我对我动手能力的评估是3分,我需要进一步锻炼我的动手能力……

 ## 想一想

亲爱的小朋友们，请大家思考：

在同学们的职业树上，我们看到了不管是什么职业，都需要多种职业能力，这对大家有什么启发呢？

对同学们来说，为了将来可以胜任自己想从事的职业，当下我们可以做些什么呢？

如果说树上的桃子代表了不同的职业能力，大家觉得小猴子爬得更高、够得着更多桃子的意义是什么呢？

"我们认为，不管是什么职业，都需要多种职业能力，这启发我们要想办法提升自己的综合能力。只有提升了自己的综合能力，我们才能胜任自己想要从事的职业。"第一小组的同学抢着回答。

总结得真到位，我们要胜任自己想要从事的职业，就需要提升自己各方面的能力。所以我们在关注专业知识能力的同时，也要注意提升自己的可迁移能力和自我管理能力。第二个问题，哪个组的同学愿意来分享一下呢？

"我们组认为小猴子爬树其实就跟我们的成长一样,我们需要不断培养自己各方面的职业能力,才能越爬越高。而当我们爬得越高,也就意味着我们自己的能力越强,将来我们对职业的胜任程度才能越高。"第二小组的同学说。

太棒啦!同学们的总结能力都太厉害了。通过大家的努力,我们每个组的小猴子都爬高了,都可以吃到更多的桃子,这是大家共同努力的成果。就像小猴子可以通过努力爬得更高,吃到更多的桃子一样,我们也可以通过自己的努力,不断提升自己的能力,遇见更优秀的自己,从而选择并且胜任自己喜欢的职业。同学们有信心吗?

有!

4 结语

亲爱的同学们，到这里，我们生涯启蒙的全部旅程就已经结束了。遇见更好的自己，你收好这趟成长旅行中的三只"锦囊"了吗？

遇见更好的自己——成长锦囊

- 有目标——让目标成为成长的发动机；
- 会选择——让兴趣握住成长的方向盘；
- 能行动——让能力成为成长的加油站。

请你们带上这三只"锦囊"，勇敢出发。请你们相信，现在你们的每一次认真投入，每一次倾尽全力的付出，每一次为了"跳一跳能够着"的目标的努力，都是在不断地向更好的自己靠近。以后，每当你回头看，你一定会感谢现在这个努力过的自己。

让我们从现在出发，一起向未来！

后记

  《生涯规划启蒙》是针对初中生和小学生编写的生涯规划教育图书。这本书的诞生，源于一个中小学生常常为之困惑的问题："我们为什么要学习？"而这个问题，在北航大学生科技志愿服务队面向中小学生开展的暑期科创训练营的活动中，我们找到了答案。在科创训练营，我们看到了中小学生"发现问题—提出问题—分析问题—解决问题"过程中的好奇、努力、探索和坚持，看到了他们为了目标坚定的投入和积极的行动，看到了他们不断实现一个个目标时的兴奋和喜悦，这不正是学习的意义所在吗？

  我们满怀对中小学生成长、发展的期待，编写了这本书，就是希望同学们能够通过对目标的探索、对选择的准备、对行动的投入，把好奇、努力、探索和坚持内化到日常的学习生活中，能够从更加长远的、发展的视角来认知当下的学习，从而有目标、有方向地投入和努力。我们期待通过这本书，看到更多孩子的收获和成长。

  在编写这本书的过程中，北航大学生科技志愿服务队历届"生涯规划启蒙"备课小组的队员们，都贡献了特别多的智慧和构思。他们结合自身的学习和成长经历，为本书的编写提供了很多思路、故事和案例。罗昊迪同学用C919大飞机的生动案例，将职业发展的大目标与中小学生当下学习的科目相关联；张学文和殷博文同学设计了"猴子吃桃子"的互动环节，引导中小学生在情境中探索职业能力。正是他们的热心投入和出众才华，才让生涯启蒙教育能够这样生动地呈现给中小学生。

  特别感谢北京航空航天大学新媒体艺术与设计学院叶强老师和王硕老师对版式设计和美术创作的策划与指导。绘制本书的岳安达同学将生涯启蒙的每一个环节、每一个故事都栩栩如生地用插画呈现，赋予了本书灵魂。我们也满怀期待地相信，在小朋友们阅读本书的过程中，一定会有身临其境的体验。

在这本书的写作过程中，我们得到了很多老师、同人的支持与帮助！北航大学生科技志愿服务队的闵敏老师对本书写作提供了宝贵的建议。北航"职业生涯规划"教学团队、"大学生通用学习能力"教学团队对本书的框架设计和理论支撑方面给予了十分重要的支持。在本书出版之际，作者愿借此机会，衷心感谢所有支持和帮助我们的领导、老师和同学们！

由于作者的水平有限，书中难免存在缺点与错误，敬请读者批评指正。